杭州市气候变化与
生态气候评价

俞布 张青 杨军 等◎著

气象出版社
China Meteorological Press

内容简介

本书主要介绍了杭州市 70 余年的生态气候特征及气候变化事实，包括气候变化监测、城市气候效应和生态气候资源三个方面。重点介绍了杭州当前面临的城市气候环境问题，如热岛强度逐年递增、城区内涝风险增大、城市通风环境亟待改善等。本书汇总了杭州市气象局生态气候创新团队研究成果，将杭州城市气候规划基础研究拓展、深化至气候变化、城市内涝风险等领域，可供气象服务、气候监测、环境评估等相关领域业务工作者以及科研院所和高校相关专业研究人员阅读参考。

图书在版编目（ＣＩＰ）数据

杭州市气候变化与生态气候评价 / 俞布等著. －－ 北京 ： 气象出版社，2024.1
ISBN 978-7-5029-8107-5

Ⅰ．①杭… Ⅱ．①俞… Ⅲ．①气候变化－研究－杭州 ②生态气候－评价－杭州 Ⅳ．①P468.255.1

中国国家版本馆CIP数据核字(2023)第229300号

杭州市气候变化与生态气候评价
Hangzhou Shi Qihou Bianhua yu Shengtai Qihou Pingjia

俞布　张青　杨军　等　著

出版发行：气象出版社

地　　址：北京市海淀区中关村南大街 46 号		邮政编码：100081
电　　话：010-68407112（总编室）　010-68408042（发行部）		
网　　址：http://www.qxcbs.com		E-mail：qxcbs@cma.gov.cn
责任编辑：杨　辉　翟伊然		终　审：张　斌
责任校对：张硕杰		责任技编：赵相宁
封面设计：艺点设计		
印　　刷：北京建宏印刷有限公司		
开　　本：787 mm×1092 mm　1/16		印　张：3.75
字　　数：55 千字		
版　　次：2024 年 1 月第 1 版		印　次：2024 年 1 月第 1 次印刷
定　　价：38.00 元		

《杭州市气候变化与生态气候评价》著者名单

俞 布　张 青　杨 军　黄 翊

刘唯佳　万梓文　范辽生　方 贺

张小伟　李 强　杜荣光　郑博闻

序
PREFACE

　　气候是我们赖以生存的自然环境重要组成，也是自然环境变化的晴雨表。近百年来，受自然和人类活动共同影响，全球变暖已成为不争的事实。气候变化对自然生态和社会经济系统均会产生深刻影响，并引起了一系列气候和环境问题。积极适应和应对气候变化、加快建立绿色低碳模式、促进经济社会发展绿色转型，成为一项关乎中国可持续发展的国家战略。

　　习近平总书记指出，要"努力建设人与自然和谐共生的现代化"，国务院印发《气象高质量发展纲要（2022—2035 年）》要求"强化生态文明建设气象支撑"。为了落实工作要求及任务部署，2023 年，杭州市气象局组织开展了《杭州市气候变化与生态气候评价》（以下简称《评价》）编制工作。《评价》利用杭州市气象观测数据及卫星遥感资料，从气候变化监测、城市气候效应、生态气候资源等方面分析了杭州市 70 余年的生态气候特征及气候变化事实。研究表明，气候变化背景下的高温、暴雨、强对流等极端天气呈频发、重发特征，气候要素的空间不均匀性加剧，城市热岛、农业干旱、城市内涝等气候事件风险显著增加，社会各部门需进一步强化对气候变化及其影响的认识。同时，《评价》基于气象监测数据，客观反映杭州市近年来的生态环境治理成效，如水平能见度提升、空气污染改善、酸雨影响减轻、植被生态质量及固碳能力显著提升等，为生态文明及美丽杭州建设提供气象支撑。

　　2023 年，杭州市政府工作报告要求"聚焦绿色发展，全力打造全域美丽新杭州"。因此，积极应对气候变化、有效合理开发利用气候资源、保持生态环境向好态势，是杭州市建设大都市、推进现代化的内在要求。《评价》

的编制旨在提供杭州市的气候及气候变化监测成果，使公众及时了解和掌握杭州市气候状况、重大气候事件及其对社会经济的影响，同时为政府部门落实适应气候变化战略、提升城市发展韧性、实施生态环境治理、践行生态文明建设提供决策支撑。

杭州市气象局局长　张力

2023 年 5 月

前言

PREFACE

近年来，随着城市化进程显著加快、城市规模不断扩大、城市人口快速增长，城市气候问题日益凸显，加上全球气候变暖，全国主要城市均面临气候环境和气象风险的明显变化。国、省两级气象部门逐年发布了《大气环境公报》和《生态气象公报》，并定期开展气候变化监测及影响评估工作，为政府决策和公众服务提供科学支撑。然而，市级气象部门因为业务职能及技术能力限制，很少开展类似科研服务工作。2023 年，中国气象局将浙江省杭州市纳入全国气象高质量发展试点城市。杭州市委市政府把气象工作纳入推进中国特色社会主义共同富裕先行和省域现代化先行的部署中，明确要求杭州市要强化气象服务供给，持续提升气象服务共同富裕的能力。

针对上述服务需求和工作要求，2022 年起，杭州市气象局组织科研业务团队，利用全市 600 余个气象观测站及卫星遥感资料、最新气候生态监测成果，从气候变化事实、城市气候效应、生态气候环境三方面分析了杭州市1951 年以来的气候变化主要趋势及当前气候环境面临问题，并形成本书内容。根据研究结论，杭州市气候变化趋势及生态状况包括以下内容：气候变暖趋势显著，年降水量略有增多，平均风速迅速降低，日照时数逐渐递减；大气水平能见度提升明显，霾日数显著下降，酸雨影响逐年减轻；植被生态质量持续向好，农业小气候资源丰富，西溪、西湖为城区西侧的重要生态冷源；等等。此外，杭州市当前气候环境面临两类主要问题：一是极端气候事件频发加重，气象灾害风险逐年递增，具体表现在高温日数连年递增，短历时致灾性降水概率增大，干旱频率呈增多趋势，以及极端天气气候事件频发等。二是城市气候效应显著，城市气候环境亟待改善，具体表现为：热岛强度逐年递增，热岛效应亟须缓解；城区内涝风险增大，城区防涝能力亟待提升；城区呈现"静小风低谷"特征，通风环境亟待改善；等等。针对上述研究结论，本书分三章给予定量描述和详细说明。

本书在编写和出版过程中得到杭州市气象局党组及多位专家的帮助和支持。浙江省气象局党组成员、杭州市气象局局长张力于百忙之中抽出时间为本书作序，浙江省气候中心樊高峰主任审阅了全书并提出了宝贵意见，南京信息工程大学遥感与测绘工程学院丁海勇、石玉立两位老师在技术上给予指导。此外，麻碧华、岳毅、王小良等对本书出版给予大力支持和无私帮助。在本书即将出版之际，谨向关心支持本书编写的各位领导、专家表示衷心感谢！

本书在编写过程中并不追求篇幅，对大量研究成果进行了删减和归纳，力求观点清晰、结论明确、内容精悍，重点围绕政府决策、部门参考和公众科普三方面应用。2023 年 6 月，作者基于本书研究结论编写了《我市气候变化主要趋势、当前气候环境面临问题和适应气候变化的相关建议》决策材料并报杭州市人民政府，得到杭州市人民政府领导的肯定批示。本书是市级气象部门主导开展"气候变化和生态气候评估"的一次尝试，因研究基础尚薄弱、编写人员水平有限，书中难免存在不足之处，恳请广大读者批评指正，以便作者在后续研究中加以改进。

作者

2023 年 7 月

目录
CONTENTS

1 杭州气候变化特征

1.1 地面气象要素

1.1.1 气候变暖趋势持续，低温日数减少明显

在全球变暖背景下（IPCC，2022），1951—2022 年杭州国家基准气候站（以下简称杭州站）年平均气温呈显著上升趋势，平均每 10 a 升高 0.3 ℃，高于我国增温速率 0.26 ℃ /（10 a）（中国气象局气候变化中心，2021）。1981—2010 年温度增幅最快，为 0.7 ℃ /（10 a）。21 世纪以来气温普遍偏高并以正距平为主，其中 2022 年杭州站年平均气温 18.5 ℃，较常年平均气温 17.5 ℃偏高 1.0 ℃（图 1.1）。

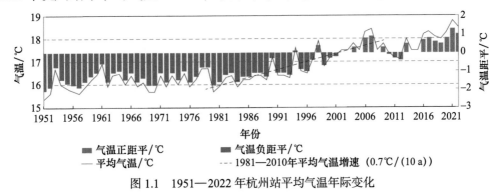

图 1.1　1951—2022 年杭州站平均气温年际变化

1951—2022 年杭州站年高温日数呈现明显上升趋势，增速为 2.6 d/（10 a）。年高温日数增长最快的时段出现在 1981—2010 年，增速为 9 d/（10 a）。2000 年以后杭州站高温日数显著偏多，其中 2022 年高温日数 59 d，较常年偏多 26.3 d（图 1.2）。

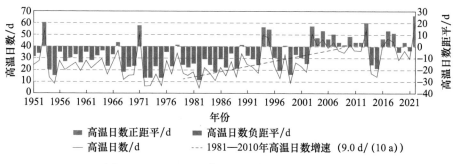

图 1.2　1951—2022 年杭州站高温日数年际变化

1951—2022 年杭州站年低温日数呈现明显下降趋势，平均每 10 a 减少 3.9 d。1961—1990 年低温日数减少趋势最为明显，每 10 a 减少 6.5 d。2015 年以后杭州站低温日数显著偏少，其中 2022 年低温日数 14 d，较常年偏少 3.7 d。（图 1.3）

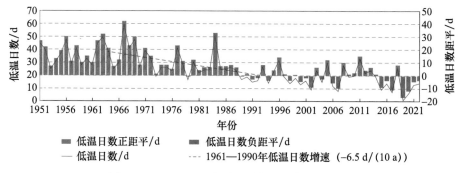

图 1.3　1951—2022 年杭州站低温日数年际变化

2022 年杭州地区年平均气温呈现东高西低分布，其中城区及钱塘江—富春江水系沿岸气温整体偏高，临安北部及山区气温总体偏低（图 1.4）。

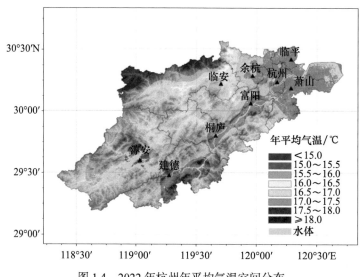

图 1.4　2022 年杭州年平均气温空间分布

（图中▲代表杭州国家基本气象站，余同）

2022 年杭州大部分地区的高温日数普遍超过 35 d，其中，桐庐、建德的高温日数超过 45 d（图 1.5）。2022 年杭州大部分地区低温日数为 15 d 以上，其中城区低温日数相对偏少（10~15 d），北部山区有 30 d 以上低温日数（图 1.6）。

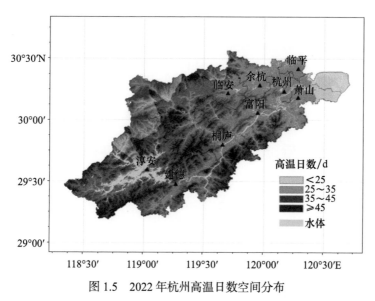

图 1.5　2022 年杭州高温日数空间分布

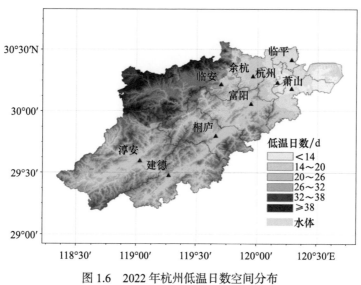

图 1.6　2022 年杭州低温日数空间分布

1.1.2　近 20 a 暴雨日数增多，东西部雨量差异明显

1951—2022 年杭州站年累积降水量呈现振荡变化特征，其中 1991—2020 年的年降水量增幅最快，增速为 271 mm/（10 a）。2010 年以后降水量

持续偏多，其中 2022 年杭州站年降水量 1502.6 mm，接近常年（图 1.7）。

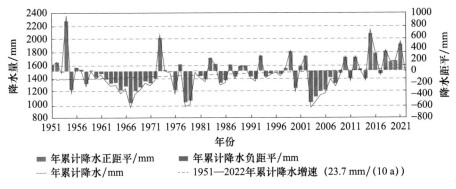

图 1.7　1951—2022 年杭州站累计降水年际变化

从年降水量极值来看，1954 年、1973 年、2015 年的年降水量大于 2000 mm，其中最大在 1954 年，为 2354.6 mm。2003 年的年降水量最少，为 948.9 mm。杭州站日降水量历史极值出现在 2013 年 10 月 7 日，为 246.4 mm（图 1.8）。

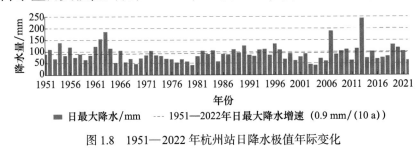

图 1.8　1951—2022 年杭州站日降水极值年际变化

1951—2022 年杭州站年雨日数呈弱下降趋势（图 1.9），每 10 a 减少 0.9 d（中国年雨日数每 10 a 减少 2 d），但暴雨日数每 10 a 增加 0.1 d（图 1.10）。2010 年以后的年雨日数及暴雨日数均以正距平为主，其中，2022 年杭州站雨日 150 d，接近常年的 147 d；暴雨日数 5 d，较常年偏多 1.3 d。

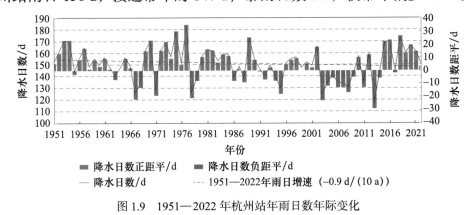

图 1.9　1951—2022 年杭州站年雨日数年际变化

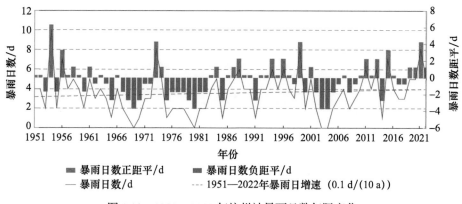

图 1.10　1951—2022 年杭州站暴雨日数年际变化

2022 年杭州年降水量呈现东少西多的空间分布特征，东部降水量为 1500~1550 mm，西部可达 1700 mm 以上（图 1.11）。从年雨日数及暴雨日数的空间分布特征来看，西南部多于东北部，山区多于平原（图 1.12、图 1.13）。其中，年雨日数低值区大多集中在主城区、萧山、余杭、临平等地，高值区则集中在天目山南麓及淳安南部，而暴雨日数的高值区则主要集中在淳安西南部及白际山脉附近。

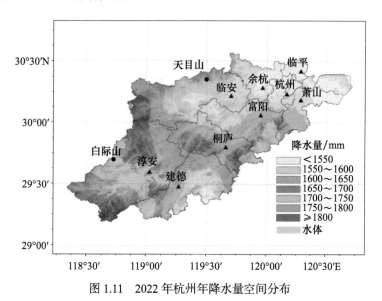

图 1.11　2022 年杭州年降水量空间分布

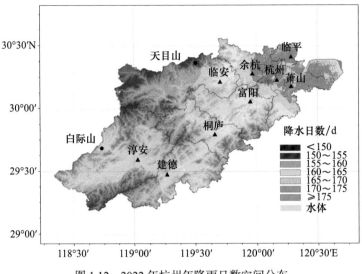

图 1.12   2022 年杭州年降雨日数空间分布

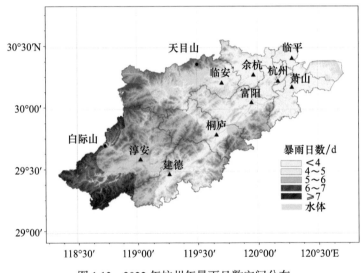

图 1.13   2022 年杭州年暴雨日数空间分布

1.1.3   相对湿度逐年减小，"城市干岛"特征显现

1951—2022 年杭州站年平均相对湿度呈现减少的趋势，平均每 10 a 减少 1.7%。从 30 a 气候态特征来看，1981—2010 年相对湿度减少最明显，每 10 a 减少 2.8%。21 世纪以后相对湿度总体偏小，呈负距平特征，2022 年杭州站平均相对湿度 73%，接近常年（图 1.14）。

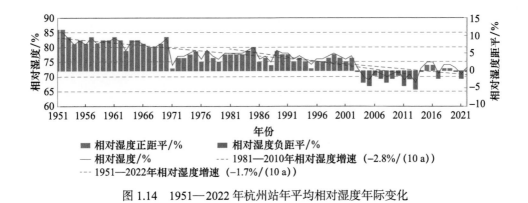

图 1.14　1951—2022 年杭州站年平均相对湿度年际变化

2022 年杭州呈现"城市干岛"现象，即：相对湿度低值区集中在城区，为 70%~75%；中西部地区及山地丘陵区的相对湿度则普遍偏高，大多处于 77% 以上（图 1.15）。

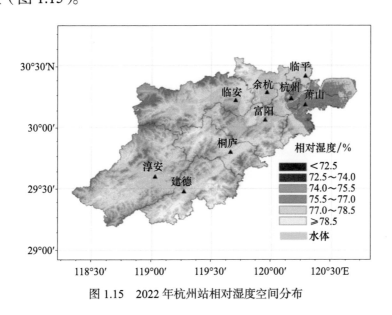

图 1.15　2022 年杭州站相对湿度空间分布

1.1.4　20 世纪 90 年代以来风速减小，城市"静小风"特征显著

1951—2022 年杭州站年平均风速呈减小趋势，平均每 10 a 减小 0.01 m/s。其中，1971—2000 年是平均风速减小最明显的 30 a，每 10 a 减小 0.3 m/s（中国平均每 10 a 减小 0.13 m/s）。20 世纪 70—80 年代杭州站的年平均风速相对偏大，但 90 年代以来随着城市扩展，年平均风速呈现明显负距平，21

世纪以后的年平均风速总体稳定。2022 年的年平均风速为 2.1 m/s，接近常年（图 1.16）。

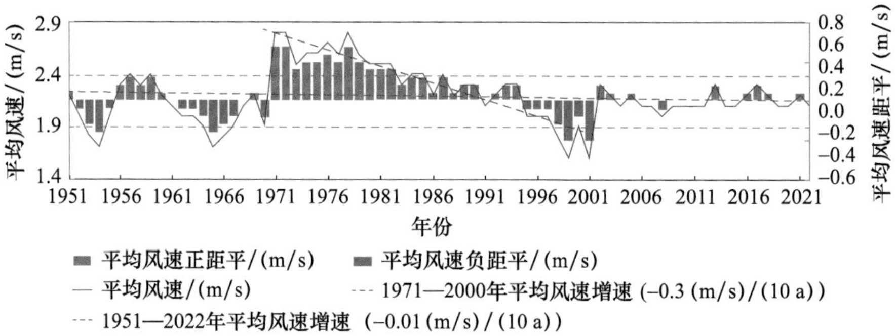

图 1.16　1951—2022 年杭州站年平均风速年际变化

2022 年杭州的年平均风速呈现东西高、中部低的特征，其中，低值区集中在主城区、桐庐分水江流域，山地及水体的年平均风速相对偏高（图 1.17）。从 2022 年的年大风日数来看，临安及天目山东麓等地大风日数相对偏多，主城区年大风日数呈现低谷特征（图 1.18）。

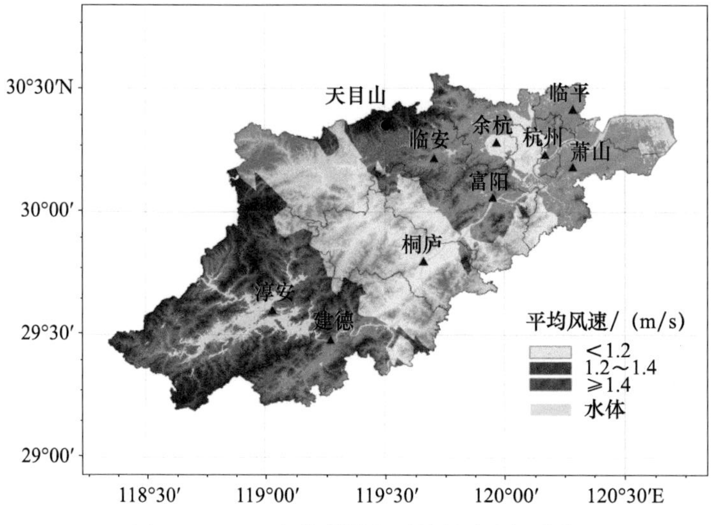

图 1.17　2022 年杭州站年平均风速空间分布

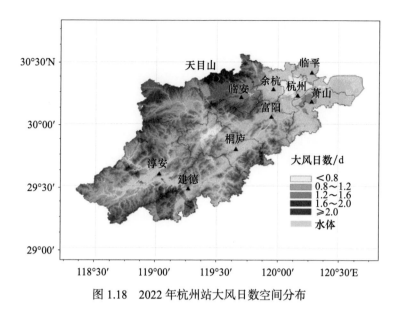

图 1.18   2022 年杭州站大风日数空间分布

1.1.5   日照时数呈递减趋势，近 10 a 日照逐渐增多

1951—2022 年杭州站年日照时数呈减少趋势，递减率为 58 h/（10 a），高于中国年日照时数减少趋势（33.2 h/（10 a））。其中，1961—1990 年减少趋势最明显，递减率为 125 h/（10 a）。2000 年以来，年日照时数开始呈现负距平增多特征，尤其 2015 年日照时数较常年偏少 326.7 h，为历史最低值。2022 年日照时数为 1943.1 h，较常年值偏多 300.6 h（图 1.19）。

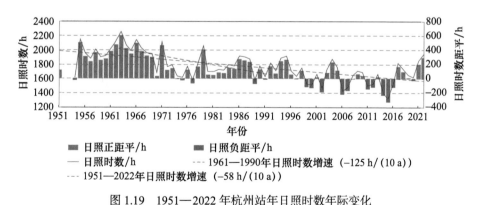

图 1.19   1951—2022 年杭州站年日照时数年际变化

1.2 大气环境要素

1.2.1 近5a能见度提升明显，高能见度日数接近50%

2013—2022年杭州大气水平能见度总体提升，其中，2017—2022年连续6a平均能见度超过10 km，近4年出现小于2 km的低能见度频率均小于6.0%。2022年杭州站平均能见度12683 m，出现大于10 km的高能见度频率为47.8%，小于2 km的低能见度频率仅为6.0%（图1.20）。

图 1.20 2013—2022年杭州市区各等级大气能见度

1.2.2 霾日数呈逐年递减趋势，大气环境改善显著

2003年以来，杭州市区年霾日数总体呈下降趋势，其中2013年以后霾日数显著降低（图1.21）。2022年杭州主城区霾日47 d，主要出现在1—2月（图1.22）。霾日等级主要以轻度及以下为主，全年未发生中度及以上等级霾日。

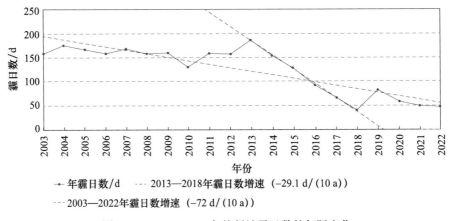

图 1.21 2003—2022 年杭州站霾日数的年际变化

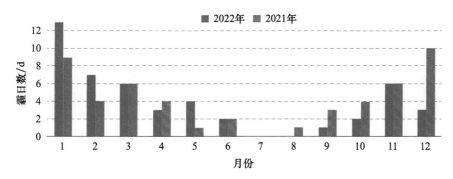

图 1.22 2021—2022 年杭州站平均霾日数月际分布

1.2.3 酸雨呈逐年减轻趋势，2022 年强酸雨频率低于 5%

1993—2022 年杭州站酸雨频率呈明显下降趋势，每 10 a 下降速率为 15%。2004 年后，酸雨频率呈现波动下降特征。2022 年的雨水平均 pH 值为 5.3，属较弱酸雨等级，酸雨发生频率为 32.3%，其中强酸雨发生频率仅为 3.1%，全年未出现特强酸雨（图 1.23）。

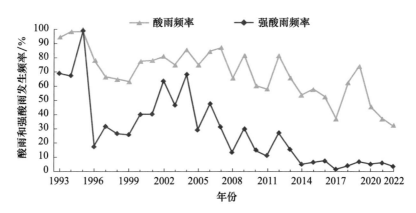

图 1.23 1993—2022 年杭州站酸雨、强酸雨频率年际变化

1.2.4 盛夏雷暴活动高发，午后强对流天气频繁

2022 年杭州雷暴活动高发期集中在 7 月和 8 月，地闪次数共计 31294 次，占全年地闪次数的 76.7%（图 1.24）。从地闪发生时段看，13—18 时为雷暴集中时段，占总地闪次数的 74.2%，总体呈现出以午后至傍晚为主的雷暴气候规律（图 1.25）。

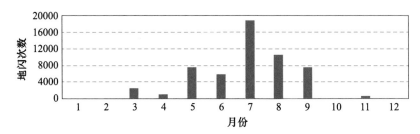

图 1.24　2022 年杭州地闪次数月度分布

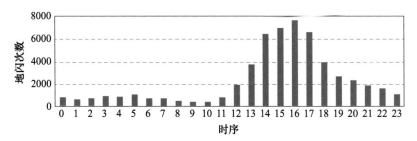

图 1.25　2022 年杭州地闪次数时段分布

2 杭州城市气候效应

2.1 城市热岛效应

2.1.1 城市热岛范围扩张明显，热岛强度连年递增

1959—2022 年杭州市城市热岛强度逐年增强，平均每 10 a 增加 0.2 ℃，与上海城市热岛强度增速（0.2 ℃ /（10 a））接近（图 2.1）。根据卫星遥感监测，20 世纪 80 年代至 21 世纪 20 年代，杭州的城市热岛形态随城市规模扩大而快速扩展（Liu et al., 2014；Lin et al., 2018）。20 世纪 80—90 年代，杭州城市热岛面积占比低于 10%；2000 年以来，城市热岛从钱塘江北岸扩展至南北两岸的多中心形态，城市热岛面积比重增大至 30% 以上；21 世纪 20 年代，杭州城市热岛呈现整体东扩趋势，城市热岛面积比重为 35%，其中强热岛面积占比增大至 16.17%（图 2.2、表 2.1）。

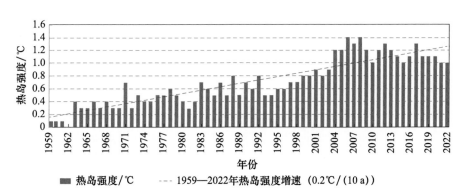

图 2.1　1959—2022 年杭州站年平均热岛强度逐年变化

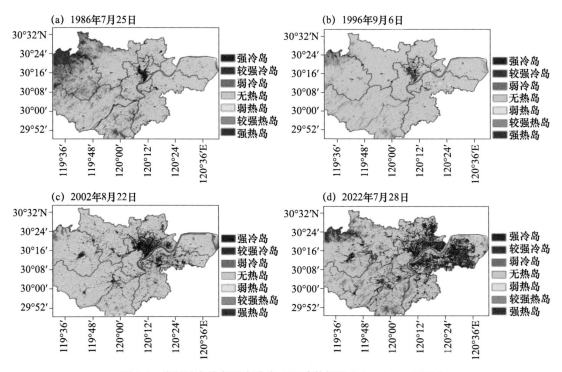

图 2.2　杭州城市热岛形态分布（遥感数据源自 Landsat-5 卫星）

表 2.1　卫星遥感监测不同时期 4 个典型个例的杭州城市热岛强度面积占比　　　%

日期	强冷岛	较强冷岛	弱冷岛	无热岛	弱热岛	较强热岛	强热岛
1986 年 7 月 25 日	5.60	7.34	13.8	63.50	5.52	1.99	2.20
1996 年 9 月 6 日	0.29	0.90	8.17	80.70	6.37	2.32	1.22
2002 年 8 月 22 日	0.09	1.63	2.09	60.77	17.56	10.06	7.77
2022 年 7 月 28 日	1.06	2.89	12.66	48.42	9.98	8.79	16.17

2.1.2　城郊地表温度差异明显，夜间热岛强度高于白天

　　如图 2.2d 所示，2022 年杭州城市热岛形态以城区为核心，沿着城乡发展和联系通道，逐步由热到冷、递次扩散，进而形成与城镇发展空间相对应的布局形态（Sheng et al.，2015；韩丽娟等，2005）。冷岛区域为重要冷源，分布在城郊植被覆盖度高的区域以及江河湿地，城市热岛强度呈现夜间明显大于白天的日变化特征（图 2.3）。

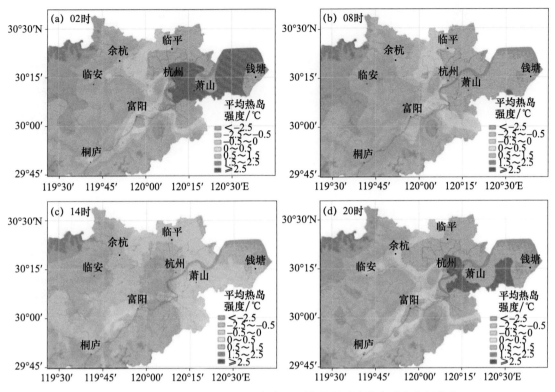

图 2.3 2010—2022 年基于地面气象观测的杭州城市热岛强度空间分布

2.1.3 "双西湿地"呈现冷岛特征,为城市周边的重要冷源

根据 2022 年 7 月 28 日对西湖风景名胜区周边的地表温度遥感监测,森林覆盖率较高区域的地表温度低于 40 ℃,西湖水域的地表温度 35 ℃左右,而景区东侧的城区地表温度均高于 50 ℃,最高可达 58.4 ℃(图 2.4)。根据西湖区双峰村到上城区湖滨商圈的地表温度剖面,西湖水域与周边城区的地表温度变化幅度可达 10 ℃以上(图 2.5)。

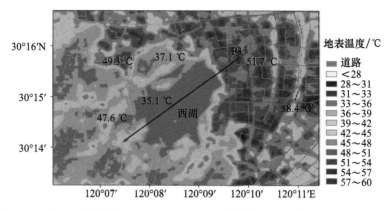

图 2.4 基于卫星监测的 2022 年 7 月 28 日西湖风景名胜区周边地表温度分布
（遥感数据源自 Landsat-7 卫星）

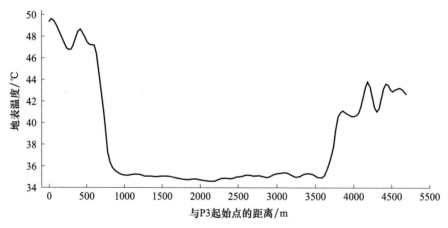

图 2.5 西湖风景名胜区周边地表温度剖面图（沿 P3 线从东北到西南方向）

西溪国家湿地公园同样具有明显的热缓解作用，其中湿地公园内地表温度为 33~39 ℃，而公园周边的城区地表温度可达 45~55 ℃（图 2.6）。从五常街道到西溪科创园分析沿线地表温度剖面，途经西溪国家湿地公园时的地表温度变化幅度可达 8~10 ℃（图 2.7）。在盛夏高温日，西湖国家湿地公园、西溪国家湿地公园（简称"双西湿地"）可明显缓解周边区域的城市热岛效应，并呈现出"冷岛"特征。

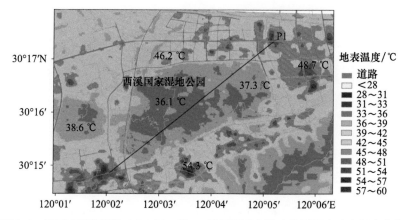

图 2.6 基于卫星监测的 2022 年 7 月 28 日西溪国家湿地公园周边地表温度分布

（遥感数据源自 Landsat-7 卫星）

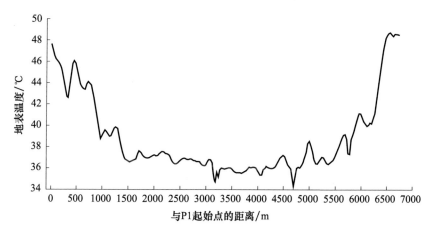

图 2.7 西溪国家湿地公园周边地表温度剖面图（沿 P1 线从东北到西南方向）

2.1.4 杭州呈现"外疏内聚、岛链分布"的热空间形态

杭州呈现外疏内聚的热分布形态，以山地丘陵和江湖湿地为载体的 6 条生态带为邻近城市的重要冷源，对城市具有明显的热疏解作用（刘红年 等，2019）。以主、副城和城市组团为核心的城镇区域则表现为热聚集区，呈现组团式、岛链状的热分布特征（图 2.8）。杭州主城区、滨江—萧山、钱塘、临平、临安、富阳 6 个城市热组团，另有未来科技城和大江东产业集聚区呈现潜在的热聚集状态。目前，除主城区、滨江—萧山两组团外，各热组团总体保持良好间距，并在钱塘江两岸分别形成两条东西走向的城市热岛链（图 2.9）。随着城市扩展，临平、钱塘热组团具有西向蔓延趋势，并有可能与主城热组团合并，

而原本相互独立的滨江—萧山热组团继续呈现合并扩张的发展趋势，有可能致使杭州的"链状"热岛特征消失，形成围绕主城的"摊饼式"强热岛中心。

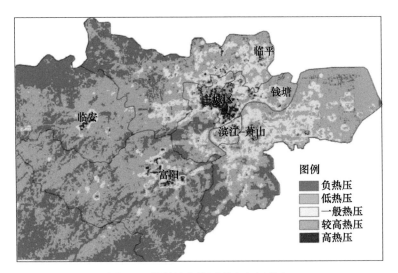

图 2.8　杭州城市热压形态空间分布

图 2.9　杭州主城区热压形态空间分布（图中字母与数字组合代表规划管理单元）

2.2 城市气候资源

2.2.1 夏季、冬季分别盛行西南、西北风，城区呈现"静小风"环境

杭州城区的主导风场呈现整体连续、局地间断的空间特征，冬季盛行偏北风，而夏季以西南风为主。根据通风潜力气候评价指标（韩宗姗等，2018；刘红年等，2019），冬季杭州郊区存在 4 个通风良好的相对大风区，包括东天目山—径山风区（北部风区）、灵山—龙坞—午潮山风区（西部风区）、龙门山风区（南部风区）、大江东湿地保护区（临江大风区），这些大风区年平均风速大于 2.4 m/s，为城区周边的重要风源（图 2.10、图 2.11）。夏季杭州郊区的重要风源包括东西两侧的西部山地风区，临江大风区，城区则始终呈现"静小风低谷"特征，平均风速较郊区偏小约 40%（图 2.12、图 2.13）。

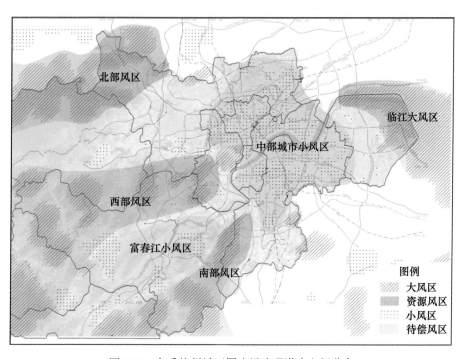

图 2.10　冬季杭州城区周边风流通潜力空间分布

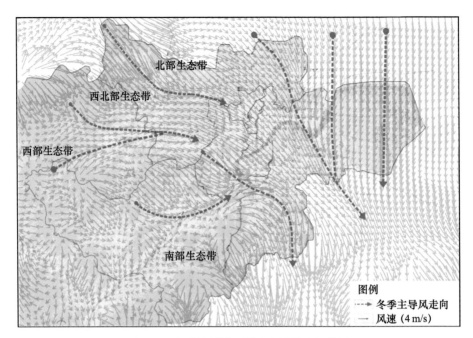

图 2.11　冬季杭州城区周边主导风流场特征

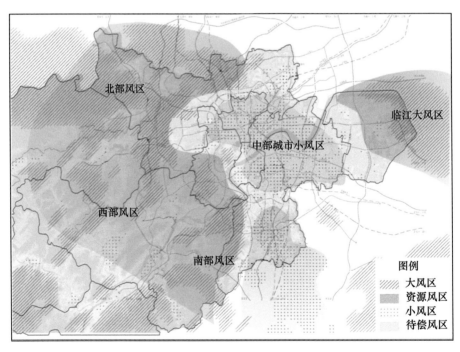

图 2.12　夏季杭州城区周边风流通潜力空间分布

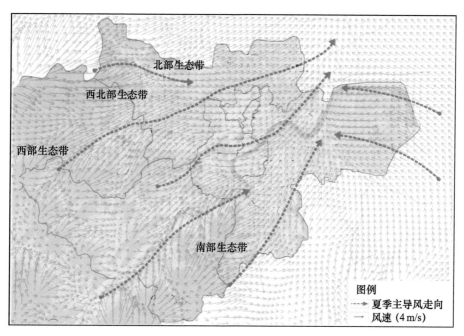

图 2.13　夏季杭州城区周边主导风流场特征

2.2.2　山谷风、海陆风交替影响，城区周边小气候资源丰富

受城市周边地形及海陆差异影响，城区周边常呈现山谷风、海陆风现象，并在城区东西两侧形成了两条局地风影响带（Yu et al., 2021；郑祚芳等，2018）。其中，东侧在乔司农场—下沙街道—大江东一线，形成了以海陆风末端构成的局地风影响边界；西侧在余杭径山—西湖景区—龙门山一线，形成了以山地平原风和山谷风末端所构成的局地风影响边界（图2.14）。

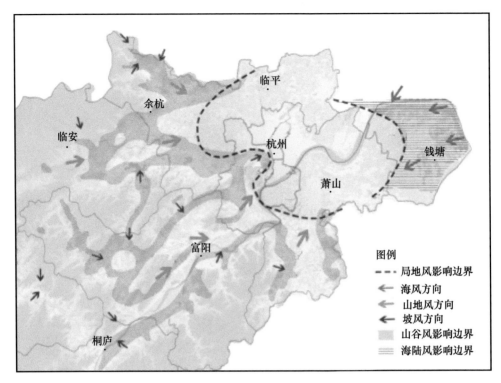

图 2.14　城区周边山谷风、海陆风等局地风空间分布

2.2.3 "三纵三横"城市通风廊道格局，"外承内接"营造山城生态联系

杭州多级城市通风廊道（以下简称"风道"）体系包括 6 条一级风道、11 条二级风道和 12 条三级绿廊。一级风道为"城市通风动脉"，并按照冬季西北风、夏季西南及偏东主导风方向划分，总体呈"三纵三横"格局（俞布等，2018）。其中，冬季风道分为 6 条，夏季风道分为 5 条，主要以生态功能区、滞蓄洪区和低强度开发区为主，既是主导风条件下的重要空气引导通道，又是山谷风、海陆风等营造山城生态联系的空气交换空间，气候环境价值极高（图 2.15）。二级风道主要分布在城市边缘，作为一级风廊向城市内部延伸的"城市通风静脉"，呈现"七横四纵、外承内接"的空间分布特征。三级绿廊总体位于城区内部，呈现"五横七纵"布局（图 2.16）。根据观测，三级绿廊已不具有明显的通风功能，但仍可作为二级风道渗入城市内部的"毛细血管"，对缓解局部热压，改善局地空气流通具有重要的气候价值。

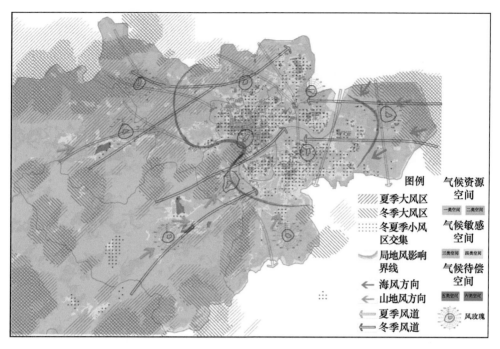

图 2.15　杭州城市气候环境评价综合图

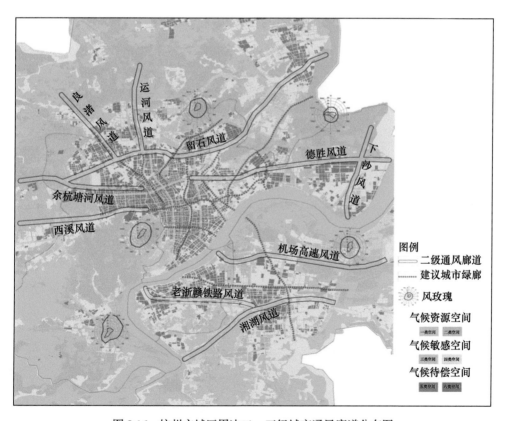

图 2.16　杭州主城区周边二、三级城市通风廊道分布图

2.3 城市内涝风险

2.3.1 短历时降雨呈增强趋势，30 min 及以下降雨致涝明显

1974—2022 年杭州短历时暴雨事件的降水量极值呈逐年递增趋势，其中，10 min、60 min 和 180 min 降雨极值的递增率分别为 0.67 mm/（10 a）、1.88 mm/（10 a）和 3.45 mm/（10 a）。2000 年以来，30 min 及以下较短历时降雨极值的增强趋势尤为明显，而 60 min 及以上历时降雨极值的递增趋势不明显（图 2.17）。从年际变化趋势来看，未来短历时极端降雨对杭州城区造成的防涝压力会更大。

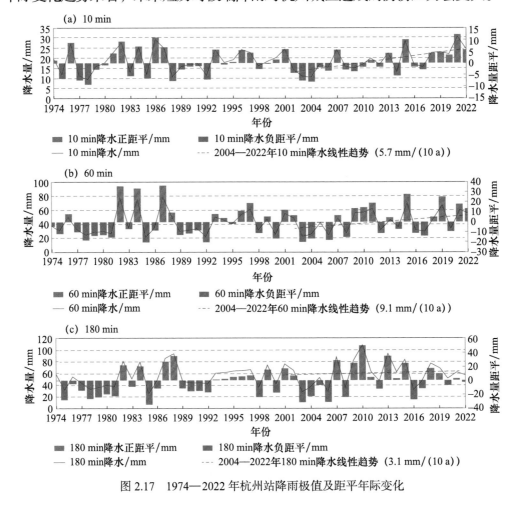

图 2.17　1974—2022 年杭州站降雨极值及距平年际变化

2.3.2 东北、西南为短时暴雨中心，山区、城区易出现极端降雨

根据 2014—2022 年杭州短历时降水量极值空间分布，60 min 及以下短

历时降雨极值主要集中在主城区、临平、萧山等东部城区。随着降雨历时增大，120 min 及以上历时的强降雨则与高海拔地形分布相对一致，杭州的暴雨中心集中在临安天目山东西两侧，淳安白际山、千里岗一带，富阳南部龙门山，桐庐南部山区，以及主城区西侧山地丘陵（图 2.18）。

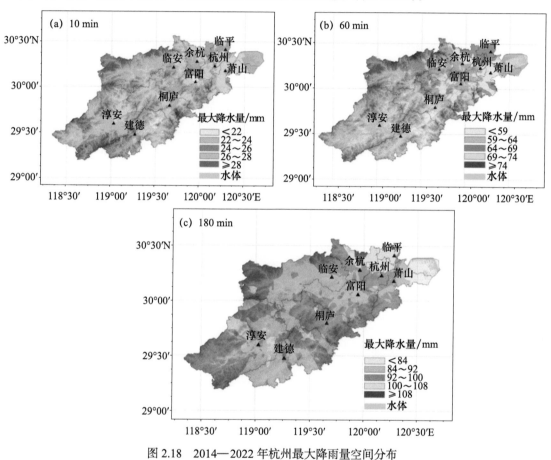

图 2.18　2014—2022 年杭州最大降雨量空间分布

2.3.3　城区内涝风险呈点状散布，东西两侧分布中高风险区

利用城市内涝数值模型，对杭州市区 50 年一遇的设计降雨量进行积水内涝风险模拟，城区内涝风险区总体呈现点状散布，主要风险区集中在城西、城南、滨江、临平及下沙等区块，其中，滨江、世纪城奥体区块、转塘区块北部、上城区中部和拱墅运河区块为高风险中心（图 2.19），降雨雨型见图 2.20，不同历时不同重现期总降水量见表 2.2。通常，造成城市内涝的主要原因是地势低洼、土地硬化、管网排水能力不足、施工影响，以及汛期上游汇水造成的河道水位快速上升等（方龙龙等，1997；雷享勇等，2019）。

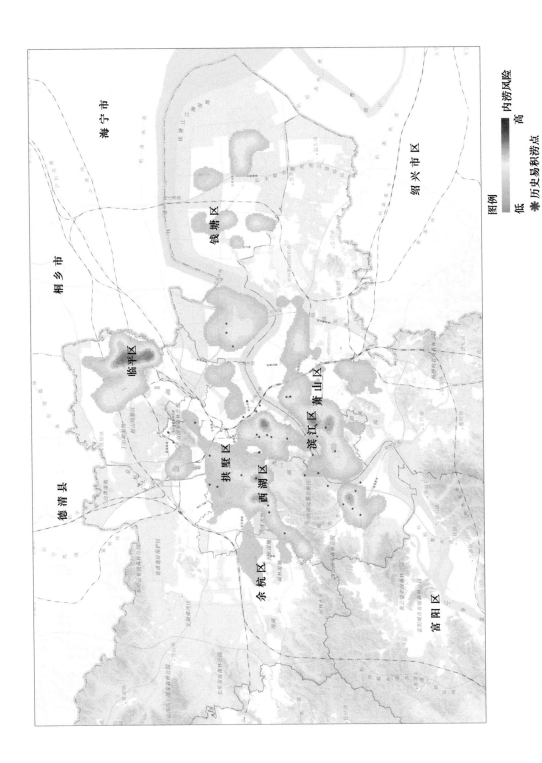

图2.19　50年一遇重现期短时雨型下杭州城区内涝风险图

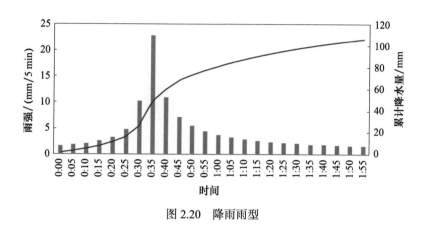

图 2.20 降雨雨型

表 2.2 不同历时不同重现期总降水量   mm

重现期 /a	60 min	120 min	180 min	24 h
0.33	16.8	21.7	25.0	—
0.5	22.2	28.7	33.0	—
1	31.1	40.3	46.4	—
2	40.1	51.9	59.9	—
3	45.4	58.7	67.7	—
5	52.0	67.3	77.6	120.0
10	61.0	78.9	90.9	156.0
20	70.0	90.5	104.3	192.0
50	81.9	105.8	122.1	240.0

3 杭州生态气候环境

3.1 气象干旱特征

3.1.1 近20 a 干旱频率增加,南北地区影响程度差异大

1951—2022 年,杭州的干旱有两个高发期,分别为 20 世纪 60—80 年代和 21 世纪以来(樊高峰等,2008),其中 2000 年以后干旱发生频率显著增加。杭州降水量的空间差异,造成了气象干旱影响程度年际变化的南北差异,其中南部区域的干旱程度比北部重,且频率略高(图 3.1)。20 世纪 90 年代以来,杭州的干旱频率呈增多趋势,主要的干旱事件包括 1994 年(全市)、2003 年(北部)、2013 年(南部)、2022 年(南部)。

具体说来,杭州北部区域 1955、1966、1971、1976、1995、2000、2004、2006、2008、2013、2017 年是轻旱,1967、1978、1994、2003 年是中旱(图 3.1)。杭州南部区域 1959、1963、1964、1978、1979、1986、1990、1991、1995、2004、2005、2008、2009、2011、2016、2018 年是轻旱,1994、2022 年是中旱,1967、2013 年是重旱(图 3.2)。

2022 年,受夏季异常持续高温以及降水异常偏少影响,杭州出现区域性夏秋连旱,尤其是西南部淳安、建德等县市影响明显,缺乏水源灌溉区域的山地丘陵"望天田"影响最大。根据遥感卫星对杭州市 7—8 月的气象干旱监测(刘立文等,2014),旱情较为严重的时段为 8 月中下旬,中旱及以上等级面积比重超过 50%(图 3.3)。

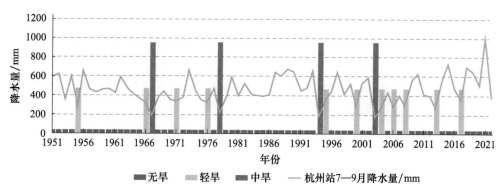

图 3.1 1951—2022 年杭州北部区域 7—9 月降水量和干旱指数的年际变化

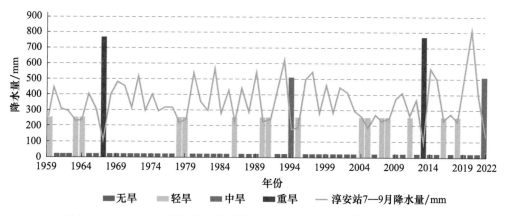

图 3.2 1959—2022 年杭州南部区域 7—9 月降水量和干旱指数的年际变化

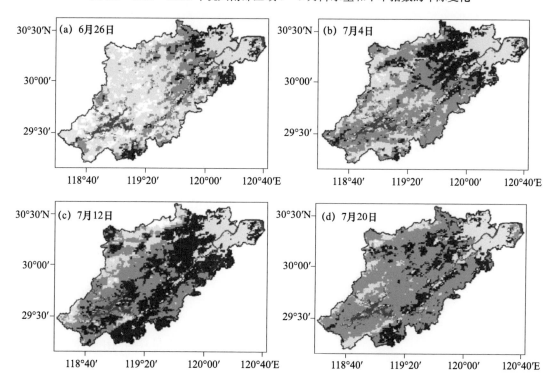

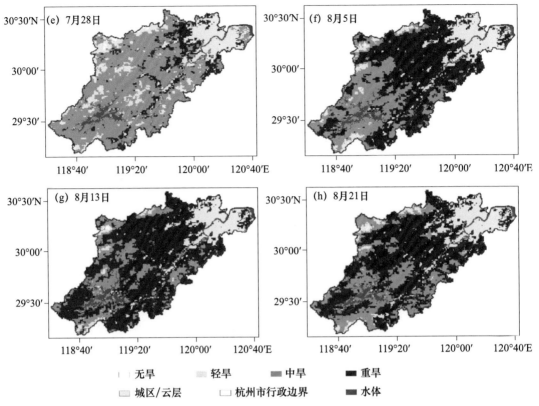

图3.3　2022年6月26日至8月21日杭州逐8日卫星遥感干旱等级分布

（遥感数据源自 Terra-MODIS）

3.1.2　2022年干旱致山塘水库缺水，支流河口浅滩断流

受 2022 年夏季高温干旱影响，杭州市多处山塘水库缺水、支流河口浅滩断流。以桐庐县分水镇为例，旱前、旱中和旱后的水体面积分别为 13.4 km²、12.1 km² 和 11.6 km²，受干旱影响的水体面积减少比例达 14%，水域减少区域主要位于分水江东北侧支流及江中部分河道，甚至出现过断流情况（图 3.4），对工农业生产用水造成了一定的不利影响。

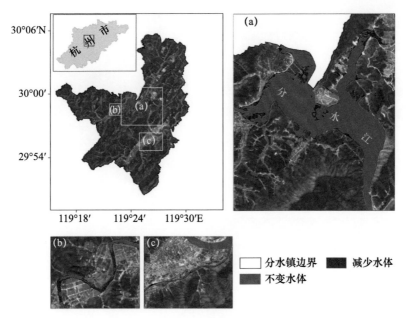

图 3.4 Sentinel-2 卫星监测的分水镇水域面积变化情况

（遥感底图源自 Sentinel-2 卫星 2022 年中值合成影像）

3.1.3 西湖龙井茶产区遭遇干旱，人工灌溉保障春茶品质

2022 年西湖龙井茶园及周边植被遭受了高温干旱影响，根据卫星遥感的干旱监测，7 月 28 日茶园附近的干旱区域占比 50% 以上，且以轻度干旱为主；8 月 5 日干旱加重，中旱及以上区域超过 80%，重旱比例超过 39%。随后，茶农采取了人工灌溉、遮阴等抗旱措施，加之 8 月下旬茶园受台风影响出现阶段性降水，9 月 6 日以后干旱情况得到部分缓解，重旱比例降至 3.85%（图 3.5、表 3.1）。

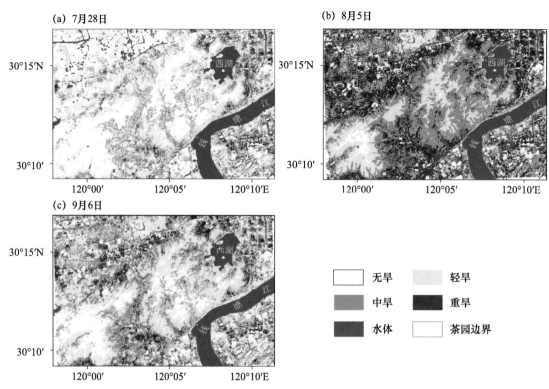

图 3.5　杭州西湖龙井茶园旱前（a）、旱中（b）、旱后（c）植被干旱指数空间分布

（遥感数据源于 Landsat-8/9 卫星，绿色斑块为西湖龙井茶种植区）

表 3.1　2022 年旱情前、中、后期东穆坞茶园附近各级旱情所占比例　　　　　　%

日期	无旱	轻旱	中旱	重旱
7 月 28 日	48.29	39.45	11.14	1.13
8 月 5 日	3.28	15.08	42.57	39.07
9 月 6 日	11.37	49.05	35.73	3.85

3.2　生态气候资源

3.2.1　全年舒适度日数占 6 成，城区气候环境仍需改善

2010—2022 年杭州平均舒适日数为 180~200 d，大体呈现出城区及乡镇舒适日数相对偏少（少于 190 d）、远郊及山区舒适日数次之而淳安千岛湖舒适日数最多的分布形态（多于 195 d）（图 3.6）。热感日数高值区主要

集中在杭州东部城镇地区，杭州城区热感日数更为显著，普遍在 50 d 以上
（图 3.7）。相反，冷感日数高值区则主要集中在西部山区，在 125 d 以上
（图 3.8）。

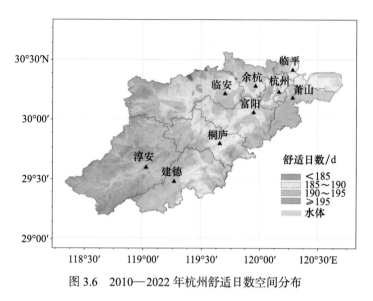

图 3.6　2010—2022 年杭州舒适日数空间分布

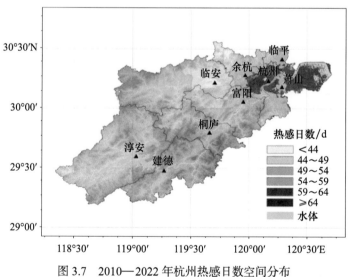

图 3.7　2010—2022 年杭州热感日数空间分布

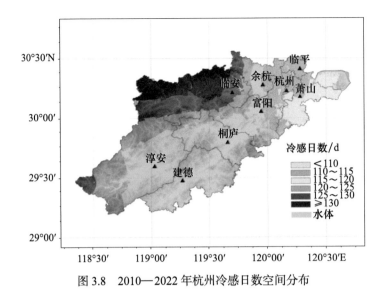

图3.8 2010—2022年杭州冷感日数空间分布

3.2.2 春、秋日少，夏、冬日多，山区避暑资源丰富

2010—2022年杭州呈现出春、秋日数少，而夏、冬日数多的特征，其中，春、秋日数中位数分别约为70 d、60 d，夏、冬日数中位数约在110 d。春季，主城区日数最少，其余地区日数以城区为中心呈辐散状分布，自东北至西南具有明显的阶梯式增长的空间分布特征（图3.9a）。夏季，杭州日数为95~130 d，梯度分布明显，具体表现为主城区的日数最多，其他地区具有明显的东北—西南向带状分布，自西向东，夏季日数逐渐增加（图3.9b）。秋季，杭州日数梯度不大，城区及中部部分地区略少于其他地区（图3.9c）。冬季，虽然冬季日数与夏季日数的变化范围大体相当，但是冬季日数的分布与夏季日数大致呈相反的分布特征，表现为西北部地区冬季日数多而东南部地区少（图3.9d）。总的来说，春、秋季节，杭州东北部比西南部暖，夏、冬季节则是东南部比西北部地区暖。

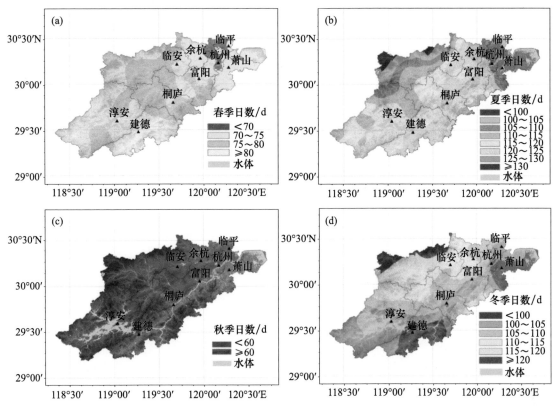

图 3.9　2010—2022 年杭州四季日数空间分布

3.2.3　5 月上旬达制冷初日，12 月中旬达采暖初日

按照夏半年平均温度 ≥ 26 ℃首次出现的日期（初始日期）作为制冷初日标准，杭州东部城区最早于 5 月上旬达到制冷初日，制冷日数可达 80 d 左右。临安北部、淳安及桐庐西北部地区最晚 6 月中下旬达到制冷初日，制冷日数仅为 50 d 以内，避暑气候资源较为丰富（图 3.10）。

按照冬半年平均气温稳定通过 ≤ 5 ℃首次出现的日期（初始日期）作为采暖初日标准，杭州城区、临平、萧山等地受城市热岛及人为热排放影响，最晚于 1 月上旬达到采暖初日，采暖日数为 30 d 左右。而杭州中西部山地丘陵区域最早 12 月中旬即达到采暖初日，采暖日数大于 40 d，其中淳安千岛湖区域由于水体保温效应，采暖日数和城区接近（图 3.11）。

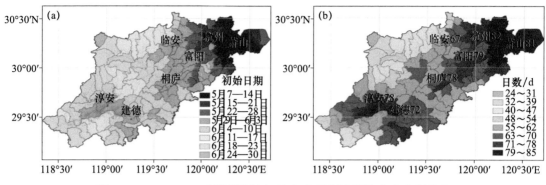

图 3.10　2010—2022 年杭州制冷初日（a）及制冷日数（b）空间分布

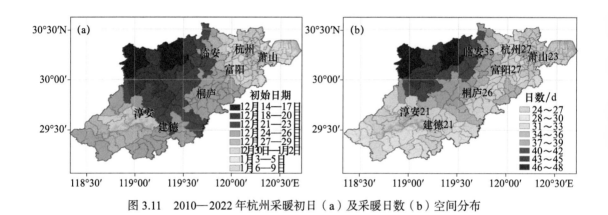

图 3.11　2010—2022 年杭州采暖初日（a）及采暖日数（b）空间分布

3.2.4　钱江沿岸积温资源丰富，山地区域小气候优势明显

2010—2022 年，杭州 10 ℃及以上积温和有效积温分布大体一致，城区（主城区、萧山、临平）积温及有效积温均最高，积温在 6000 ℃以上；非城区，自西北向东南，积温和有效积温大体呈现出逐渐增加的趋势，且具有明显的带状分布特征。积温和有效积温的分布表明城市地区的温度最高，东部地区的温度整体高于西部（图 3.12）。

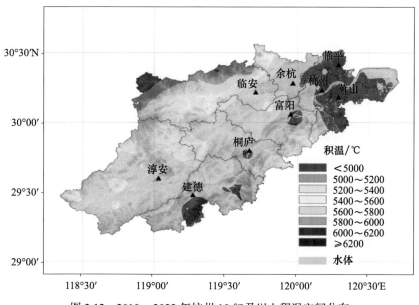

图 3.12　2010—2022 年杭州 10 ℃及以上积温空间分布

3.3　生态质量气象评价

3.3.1　植被覆盖度略有增长，城市周边区域略有下降

　　2000—2022 年杭州植被覆盖度平均每年增长 0.5%（图 3.13），2022 年杭州植被覆盖度均值为 69%（图 3.14），为近 23 a 第二高值。植被覆盖度的空间形态与城市发展边界相吻合（王鹏新等，2001；樊高峰等，2014；刘智才等，2015），如城市发展边界以外区域的植被覆盖度一般高于 60%，而边界以内普遍低于 40%。此外，植被覆盖度降低的区域主要分布在城市周边，与杭州城市发展方向对应，如钱塘江沿岸、杭州城西科创大走廊及钱塘区东部等区域植被覆盖度均呈现较为明显的负变化特征。

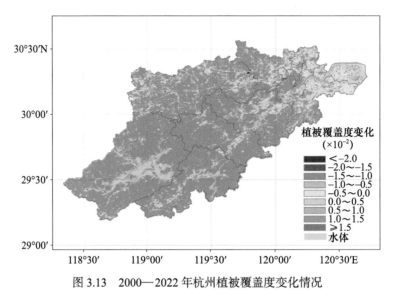

图 3.13　2000—2022 年杭州植被覆盖度变化情况

图 3.14　2022 年杭州平均植被覆盖度空间特征

3.3.2　植被生态质量趋势向好，绿更足，质更优

2000—2022 年杭州植被生态质量指数呈现台阶式增长趋势，其中，2017—2022 年植被生态质量指数均值为 68.12，较 2007—2016 年均值 65.4 和 2000—2006 年均值 62.7 有所提高（图 3.15）。根据 2022 年杭州植被生态质量指数均值空间分布，植被生态质量高值区主要分布在萧山南部、余杭西北部、富阳西部和南部、桐庐、建德和淳安等地的山地区域，生态质量指数

多在 70 以上；低值区主要位于城区以及杭嘉湖平原，生态质量指数低于 40（图 3.16）。

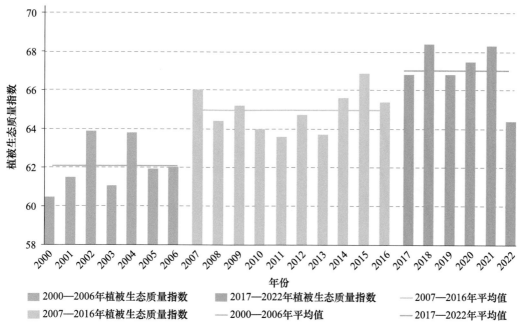

图 3.15　2000—2022 年杭州植被生态质量指数变化

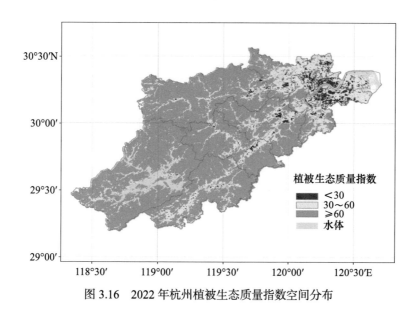

图 3.16　2022 年杭州植被生态质量指数空间分布

从 2000—2022 年植被生态质量变化率空间分布看，相比于 2000 年，2022 年全市超 82% 区域面积的植被生态质量呈增长趋好态势，其中海拔较高的山地区域增长明显，增长幅度每年为 0.5~1.5；降低区域主要位于城镇周边区域，降幅为 0.1~2（图 3.17）。根据 2022 年杭州市各区（县、市）植被生态质量指数排序，排名前三的分别为淳安、临安和桐庐。

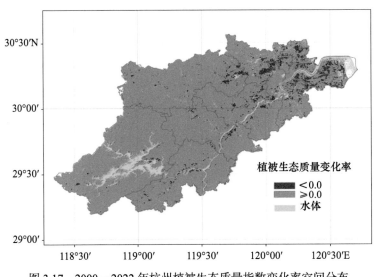

图 3.17　2000—2022 年杭州植被生态质量指数变化率空间分布

3.3.3　植被净初级生产力总体保持稳定，局部地区略有降低

植被净初级生产力（Net Primary Productivity, NPP）是指绿色植物在单位时间、单位面积上由光合作用所产生的有机干物质总量中扣除自养呼吸后的剩余部分，是用于表征植被活力的关键变量（Lin et al.，2012；许世贤等，2022）。2022 年杭州植被 NPP 较 2000 年总体保持稳定并略有提升，高值区主要为海拔较高的山地区域，其值高于 1000 gC/m²；低值区主要位于平原城镇区域，其值多在 600 gC/m² 以下，其中钱塘区东部、萧山城区、富阳城区及余杭、临平等区域的植被 NPP 低于 400 gC/m²（图 3.18、图 3.19）。

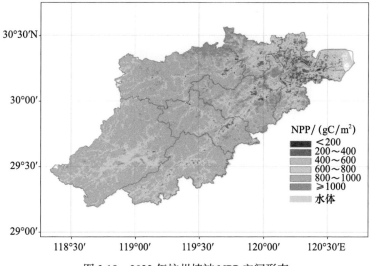

图 3.18　2022 年杭州植被 NPP 空间形态

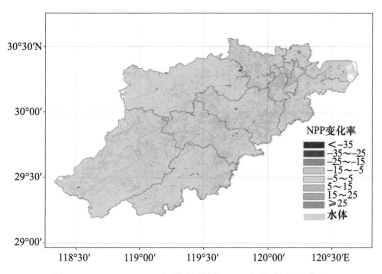

图 3.19　2000—2022 年杭州植被 NPP 变化率空间分布

参考文献

樊高峰，苗长明，毛燕军，等，2008. 浙江干旱特征及其与区域气候变化关系 [J]. 气象科技（2）：180-184.

樊高峰，何月，张小伟，等，2014. 浙江省植被变化及其对气候变化的响应 [M]. 北京：气象出版社.

方龙龙，俞连根，吴林祖，等，1997. 杭州城市内涝积水成因分析及减灾对策 [J]. 科技通报（3）：2-7.

韩丽娟，王鹏新，王锦地，等，2005. 植被指数—地表温度构成的特征空间研究 [J]. 中国科学（D 辑：地球科学）（4）：371-377.

韩宗姗，刘红年，贺晓冬，等，2018. 杭州市城郊生态带对城市气象特征的影响 [J]. 南京大学学报（自然科学），54（5）：1034-1044.

雷享勇，陈燕，潘晓骏，等，2019. 杭州市主城区暴雨内涝灾害风险区划 [J]. 杭州师范大学学报（自然科学版），18（1）：105-112.

刘红年，贺晓冬，苗世光，等，2019. 基于高分辨率数值模拟的杭州市通风廊道气象效应研究 [J]. 气候与环境研究，24（1）：22-36.

刘立文，张吴平，段永红，等，2014. TVDI 模型的农业旱情时空变化遥感应用 [J]. 生态学报，34（13）：8.

刘智才，徐涵秋，李乐，等，2015. 基于遥感生态指数的杭州市城市生态变化 [J]. 应用基础与工程科学学报，23（4）：728-739.

王鹏新，龚健雅，李小文，2001. 条件植被温度指数及其在干旱监测中的应用 [J]. 武汉大学学报（信息科学版）（5）：412-418.

许世贤，井长青，高胜寒，等，2022. 遥感 GPP 模型在中亚干旱区 4 个典型生态系统的适用性评价 [J]. 生态学报，42（23）：9689-9700.

俞布，贺晓冬，危良华，等，2018. 杭州城市多级通风廊道体系构建初探 [J]. 气象科学，38（5）：625-636.

郑祚芳，任国玉，高华，2018. 北京地区局地环流观测分析 [J]. 气象，44（3）：425-433.

中国气象局气候变化中心，2021. 中国气候变化蓝皮书（2021）[M]. 北京：科学出版社.

LIN H L，ZHAO J，LIANG T G，et al，2012. A classification indices-based model for net primary productivity（NPP）and potential productivity of vegetation in China[J]. International Journal of

Biomathematics，5（3）：1-23.

LIN Y，JIM C Y，DENG J S，et al，2018. Urbanization effect on spatiotemporal thermal patterns and changes in Hangzhou（China）[J]. Building and Environment，145（11）：166-176.

LIU D，HUA C，2014. Impacts of climate change in rapidly urbanizing region - a case study in Hangzhou（China）[J]. Chinese Journal of Population，Resources and Environment，12（4）：366-374.

IPCC，2022. Climate change 2022：impacts，adaptation and vulnerability[M]. Cambridge：Cambridge University Press.

SHENG L，LU D S，HUANG J F，2015. Impacts of land-cover types on an urban heat island in Hangzhou, China[J]. International Journal of Remote Sensing，36（6）：1584-1603.

YU B，ZHU B，Miao S G，et al，2021. Observational Signal of the Interaction Between Mountain−Plain Wind and Urban Breeze Under Weak Synoptic Systems [J/OL]. Journal of Geophysical Research:Atmospheres，e2020JD032809，126（8）：1-14 [2021-04-27]. https://doi.org/10.1029/2020JD032809.

附录 A 编写说明

A1 资料来源

《杭州市气候变化与生态气候评价》（以下简称《评价》）主要揭示杭州市气候变化、城市气候环境、生态气候环境等内容。所用到的相关资料如下。

地面气象要素观测资料。源自杭州国家基准气候站、杭州国家气象观测站和杭州市域的区域自动气象站数据，气象要素包括气温、降水量、相对湿度、风速、风向、日照时数等。其中，第 1 章气候变化特征主要使用杭州国家基准气候站数据，最大时长为 1951—2022 年。

大气环境监测数据。源自杭州国家基准气候站和杭州国家气象观测站的能见度（2013—2022 年）、酸雨（1993—2022 年）、霾（2003—2022 年）、地闪密度和电闪强度（2017—2022 年）数据。

植被监测数据。源自 EOS/MODIS 卫星遥感监测产品（2000—2022 年），包括美国 Terra 和 Aqua 中分辨率成像光谱仪植被指数（MOD13）、陆地表面温度（MOD11）产品数据，空间分辨率 1 km，时间分辨率为逐日和逐月合成。

城市热岛监测数据。源自中国风云三号 D 星中分辨率光谱成像仪（MERSI）卫星影像，空间分辨率 250 m。美国 Landsat-5、Landsat-7、Landsat-8 卫星搭载的专题制图仪（TM）、陆地成像仪（OLI）数据，空间分辨率 15~30 m。欧洲航天局 Sentinel-2 A/B 卫星多光谱成像仪（MSI）影像，空间分辨率 10 m。

城市内涝分析数据。源自杭州市规划与自然资源局的城市河道、排水管网数据，杭州市城市管理局的城市内涝监测数据等。

其他数据。源自杭州市气象局，主要贡献单位是浙江省气候中心。

A2　术语与定义

常年值：1991—2020 年 30 a 气候整编资料。

高温日数：日最高气温高于或等于 35 ℃的日数。

低温日数：日最高气温低于或等于 0 ℃的日数。

雨日：日降水量大于或等于 0.1 mm 的日数。

暴雨日数：日降水量大于或等于 50 mm 的日数。

地闪次数：地闪指云内荷电中心与大地和地物之间的放电过程，地闪次数为浙江省雷电监测网监测到的地面落雷次数。

酸雨：是降水酸碱度（pH）小于 5.6 的大气降水，酸雨区是平均降水 pH 小于 5.6 的地区。

山谷风：出现于山地及其周边地区的、具有日周期的地方性风。谷风是指日间由山谷向山坡运动的上坡风，或由周围地区沿山谷汇入山地；山风是指夜间由山坡向山谷运动的下坡风，或由山地向周边地区运动。

海陆风：出现于近海和海岸地区的、具有日周期的地方性风。包括日间由海洋吹向陆地的海风和夜间由陆地吹向海洋的陆风。

城市热岛强度：为城市地表温度与郊区乡村地表温度之差，反映城市温度高于郊区乡村的程度。

城市内涝：强降雨或连续性降雨超过城镇排水能力，导致城镇产生积水灾害的现象。

内涝风险：内涝风险等级宜根据城镇积水时间、积水深度、地表径流流速和积水损失等因素综合确定，内涝风险等级划分为内涝高、中、低风险区，参照《城镇内涝防治技术标准》（DB 33/T 1109—2020）。

降雨历时：指连续降雨的时段，为累积雨量的时间长度，以分钟（min）计，参照 2014 年中华人民共和国住房和城乡建设部、中国气象局编制的《城市暴雨强度公式编制和设计暴雨雨型确定技术导则》。

植被干旱指数：是一种基于光学与热红外遥感通道数据反演植被覆盖区域表层土壤水分的生态指标。

气象干旱指数：利用降水量距平百分率计算，反映降水异常引起的干旱程度。

季节划分标准：以日平均气温和5天滑动平均气温序列作为气候季节的划分依据，四个季节所对应的这两个指标阈值需符合特定的温度区间。具体季节划分方式参照国家标准《气候季节划分》（GB/T 42074—2022）。

人体舒适度：舒适度指数是结合温度、湿度、风等气象要素对人体综合作用，表征人体在大气环境中舒适与否。舒适度指数 50~75 时为舒适，小于50时为冷感，大于等于75为热感。

积温和有效积温：积温是指一年内日平均气温 ≥ 10 ℃ 持续期间日平均气温的总和。有效积温是日平均温度与界限温度（10 ℃）之差在某个时期的总和。

植被覆盖度：是指绿色植被（包括叶、茎、枝）在地面的垂直投影面积占统计区总面积的百分比，是衡量地表植被生长状况的重要指标。

植被净初级生产力：是指绿色植物在单位时间、单位面积上由光合作用所产生的有机干物质总量中扣除自养呼吸后的剩余部分，是表征植被活力的关键变量。

植被生态质量：是衡量生态状况的重要指标，可综合反映植被净初级生产力和植被覆盖度特征。

制冷平均初始日期与日数：基于逐日平均温度资料，计算夏半年平均温度 ≥ 26 ℃ 首次出现的日期（初始日期），并统计每年所有日数，求取多年平均值。制冷日数是指一段时期（月、季或年）日平均气温高于某一基础温度的累计天数。根据我国《夏热冬冷地区居住建筑节能设计标准》（JGJ 134—2001），夏季使用空调制冷的基础温度为 26 ℃。

采暖平均初始日期与日数：基于逐日平均温度资料，采用5日滑动平均法确定每年平均气温稳定通过 ≤ 5 ℃ 初、终日，求算每年初、终日间持续日数，按《采暖通风与空气调节设计规范》（GB 50019—2003）最后计算多年平均值。

附录 B 杭州国家基准气候观测站地面气候标准值数据集（1991—2020 年）

利用 1991—2020 年杭州国家基准气候观测站数据绘制杭州气候特征概况图。其中，图 B1 主要针对温度和降水要素，图 B2 主要针对天气现象和制冷、采暖度日指数特征。统计方法遵循国家标准 GB/T 34412—2017，以及世界气象组织（World Meteorological Organization，WMO）气候平均值的计算指南。采用的数据源为国家气象信息中心归档的中国地面气象站 30 a（1991—2020 年）观测数据。表 B1 为 1991—2020 年杭州国家基准气候观测站地面气候值。

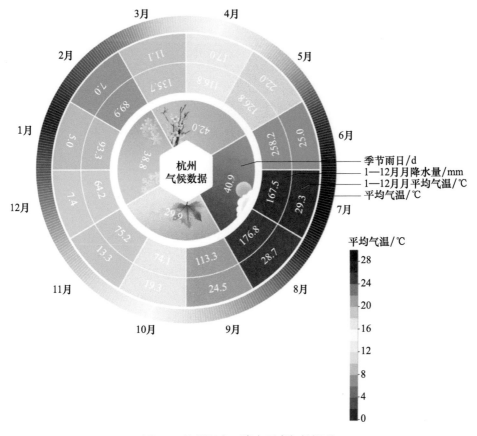

图 B1　杭州温度、降水要素气候概况

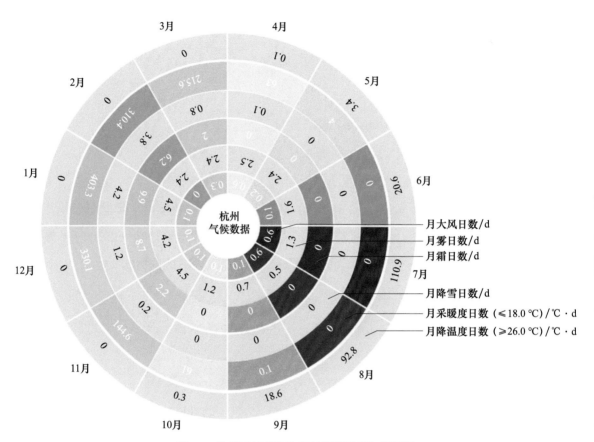

图 B2 杭州天气现象和度日指数要素气候概况

表 B1　杭州国家基准气候观测站地面气候值（1991—2020 年）

	1月	2月	3月	4月	5月	6月	7月	8月	9月	10月	11月	12月	全年
平均气温 /℃	5	7	11.1	17	22	25	29.3	28.7	24.5	19.3	13.3	7.4	17.5（平均值）
极端最高气温 /℃	25.4	28.5	32.8	34.8	37.6	37.5	41.3	41.6	38.7	34	30.6	24.2	41.6（最大值）
极端最低气温 /℃	-8.2	-4.2	-2.5	2.2	9	14.7	17.3	18.4	13.8	6.6	-2	-8.4	-8.4（最小值）
累计降水量 /mm	93.3	89.9	135.7	116.8	126.8	258.2	167.5	176.8	113.3	74.1	75.2	64.2	1491.8（累加值）
日降水量 ≥ 0.1 mm 平均日数 /d	12.4	11.7	14.9	13.8	13.3	15.4	12.2	13.7	11.2	8.1	10.6	9.7	147（累加值）
日降水量 ≥ 50.0 mm 平均日数 /d	0	0	0.1	0.2	0.2	1.4	0.8	0.6	0.2	0.1	0	0	3.6（累加值）
平均风速 /（m/s）	2	2.1	2.2	2.2	2.1	2	2.2	2.2	2.1	1.9	1.9	2	2.1（平均值）
最多风向	北风	北风	北风	西南风	西南风	西南风	西南风	西南风	西北风	西北风	西北风	西北风	北风
大风日数 /d	0.1	0	0.3	0.6	0.2	0.1	0.6	0.6	0.1	0.1	0.1	0.1	2.9（累加值）
平均本站气压 /hPa	1021.7	1019.3	1015.3	1010.2	1005.7	1001.3	1000	1001.2	1007.7	1014.5	1018.2	1021.9	1011.1（平均值）
日照时数 /h	956	977	1204	1447	1589	1200	2046	1879	1399	1416	1189	1126	16428（累加值）
平均相对湿度 /%	74	73	72	70	71	79	73	75	76	73	75	72	74（平均值）
降雪日数 /d	4.2	2.8	0.8	0.1	0	0	0	0	0	0	0.2	1.4	9.5（累加值）
最大积雪深度 /cm	27	27	9	0	0	0	0	0	0	0	-	20	27（最大值）
积雪深度 ≥ 1 cm 平均日数 /d	1.7	1.2	0.2	0	0	0	0	0	0	0	0	0.7	3.8（累加值）

续表

	1月	2月	3月	4月	5月	6月	7月	8月	9月	10月	11月	12月	全年
能见度小于10 km 频率/%	78	70	67	64	64	67	44	49	60	66	76	78	65（平均值）
小型蒸发量/mm	40.9	58	74.7	115.5	154.8	138.6	216.5	188.5	138.2	102.3	66.6	47.2	1341.8（累加值）

注：1991—2020 年中国地面气候值研制采用的数据源为国家气象信息中心归档的中国地面气象站的观测数据。统计方法总体遵循了国家标准 GB/T 34412—2017，以及 WMO 气候平均值的计算指南（WMO，2017）。统计时，以北京时 20 时为日界，日照用真太阳时（或地方平均太阳时），以 00 时为日界。